南怀瑾

讲述系列

南怀瑾谈心兵难防

上海人民出版社

出版说明

南怀瑾先生一九一八年诞生于浙江温州乐清一个世代书香之家，二〇一二年九月去世，南先生抗日战争时期投笔从戎，后赴台湾，执教于台湾文化大学、辅仁大学。又远赴美国、欧洲等地，考察讲学。门生弟子遍天下。先生长期精研国学，读书数十万卷，于儒、道、佛皆有精湛造诣，兼通诸子百家、诗词歌赋、天文历法、医学养生诸学，对西方文化亦有深刻理解，学贯中西，著作等身，堪称一代宗师，在中西文化界享有巨大声望。

南怀瑾先生关心国家统一、民族振兴大业，一生致力于复兴中华优秀传统文化。奔走各地，建立学堂，讲解传授，为弘扬、传承民族传统文化之精粹尽心尽力。其成就贡献，举世称誉；其执著精神，感人至深。

南怀瑾先生著述等身，不落窠臼，常以其亲身经历和独到见解，结合历史事实和先哲智慧，阐扬优秀传统、人生哲学，使现代人得以了解中国文化、历史、哲学的精深奥秘，并帮助现代中国人进一步建立文化归属感，增强民族自信心。

《南怀瑾谈心兵难防》选编南怀瑾先生的《论语别裁》、《孟子旁通》、《老子他说》、《易经杂说》、《易经系传别讲》等著作，分为"知止"、"临济偈语"、"淡泊宁静"、"心兵不动"等六十一题，阐述为人处世、安顿身心的生命智慧。南怀瑾先生认为，"心兵"是"心、意、识"自讼的状态，"在我们的心中脑里，随时都有矛盾乱流"，"有理性和情绪上的斗争"，"如果心兵不动，自心的天下就太平了"。

本书原由台湾老古文化公司出版，现以简体字予以重排，以飨读者。

上海人民出版社

二〇一九年五月

目录

出版说明 …1

知止 …1
临济偈语 …2
淡泊宁静 …4
意的衍生 …5
无情何必生斯世? …6
自欺欺人 …7
诚中形外 …7
心兵不动 …8
人身难得 …10

心能转身 ... 12

诚意自谦 ... 14

静的修养 ... 16

人心惟危 ... 18

克除妄念 ... 21

无所住心 ... 24

身非我有 ... 28

做人为本 ... 29

不逆诈 ... 34

想得到，做不到 ... 35

看得破，忍不过 ... 36

质朴可贵 ... 38

好人？坏人？ ... 40

争也君子 ... 40

看镖！ ... 42

丧事前后 ... 43

中庸之道 ... 44

仁者境界 ... 48

弋不射宿 ... 50

德必有邻 ... 52
不可欺也 ... 53
仁者乐山 ... 55
自我反省 ... 57
改过自新 ... 59
上善若水 ... 60
阴功积德 ... 61
恕道待人 ... 61
光风霁月 ... 64
不苟富贵 ... 65
富贵可求吗? ... 66
富贵如浮云 ... 67
性非罪? ... 68
悠美的情歌 ... 69
贤贤易色? ... 70
欲无止境 ... 71
矢上加尖 ... 76
亢龙有悔 ... 77
宠辱若惊 ... 78

虚舟难覆 ... 82
进退存亡 ... 85
钱财聚散 ... 86
贫而无怨 ... 88
少私寡欲 ... 90
有求吃苦，无欲则刚 ... 91
自强自立 ... 92
百尺竿头 ... 93
平凡境界 ... 96
英雄本色 ... 99
诗可以怨 ... 101
人生如水 ... 102
从容就难 ... 106
动之徐生 ... 110

知止

在一天的生命历程中，能够数得清、记得完全经过多少思想、乱想、幻想？

至于其中所起浮生灭的各种大大小小的情绪，就更不用说了。

谁能把此心思绪，清清静静、平平安安地时常摆在一个清明、清静、安详的境界中呢？恐怕是绝对不能做到的吧？

答案是能够做到的。问题是人们不知道自己怎么来“知止”。

所以我常说，英雄可以征服天下，而不能征服自己。圣人之道，首先要征服自己，不想征服天下。征服天下易，征服自己难。降伏自己的心思而反归平静，初步能做到如老子所说的：“专气致柔，能婴儿乎！”才能渐渐达到“知止”而进入“明德”的境地。

/

临济偈语

沿流不止问如何？真照无边说似他。

离相离名人不禀，吹毛用了急须磨。

——临济大师

“沿流不止问如何?”是说：我们人的思想、欲望、情绪、意识等等，由生到死，每一天，每时、每秒，所有这些心思，犹如一股滚滚洪流，滔滔不绝，对境动心，或起心造境，绵延不断地流动，永远无法使其停止。自问、问你，怎么办才能得止啊?

“真照无边说似他。”但你要自己反省，认识自己天生自性本来就有一个“能知”的作用存在。你要自己提起那个“知性”，如无边际的照妖镜一样，自己来看住、管住那些妄想和妄情。

犹如自己注定视线，对镜照面，一直照，不动摇地照，渐渐就看不见镜子里的面目幻影了。镜子清静了！空灵了！如果这样用功反省反照，那更可以说很像接近"他"了！"他"是谁？勉强说，"他"是道啊！

但是即使是这样，还只能说好像"似他"，但并非是究竟的大道。

第三句："离相离名人不禀。"这是说，人的生命自性究竟的道体，是离一切现象的名和相的。但是人们始终自己不明白，自己不理解，也说不清楚。它也不是永远禀赋在你身上。因为此身长短是虚空啊！

第四句："吹毛用了急须磨。"吹毛，是古代形容锋利的宝剑，只要把毛发对着剑锋，一吹就断，它太锋利了。

这是形容人们的聪明智虑，不管你有多么锋利，多么敏捷能干，如果不能随时回转反省自修而还归平静，包你很快完蛋，而且此心被习气所污染，就如滚滚旋转的车轮，不停不回，堕落不堪了。

所以说，就算你聪明伶俐得像一把吹毛宝剑一样，也必须要知道随时随地，好好保养它，轻轻一用，就必须再磨砺干净啊！

/

淡泊宁静

如果只从人们的心理意识来讲，一个人如果把心一定下来时，当然便有一种较为宁静的感受。尤其人的生活，每天活在极度的忙碌紧张当中，只要能够得到片刻的宁静，就会觉得是很大的享受。

但有些人习惯于忙碌紧张的生活，一旦宁静无事下来，反而觉得无比的寂寞，甚至自生悲哀之感。在人群社会中，这种人的比例，比爱好宁静的人，至少超过三分之二以上。

诸葛亮的千古名言“淡泊明志，宁静致远”，这总算是真正的宁静吧！答案：差不多了！不过，你需要特别注意，孔明先生这两句话的要点，首先在于“淡泊明志”的“淡泊”上，既然肯淡泊，而又甘于淡泊，甚至享受淡泊，那当然可以“宁静致远”了！

一个人淡泊到了如孔子所说：“饭蔬食，饮水，曲肱而枕之”、“不义而富且贵，于我如浮云”，那当然是人生修养达到一种高度的宁静意境。孔明一生的学问修养，就得力在这两句心腹之言。

意的衍生

如果用文字艺术来比方，例如李后主的词说：“剪不断，理还乱，是离愁，别是一番滋味在心头。”那想剪断它、理顺它的，是“所知”。剪也不断，理也不顺，似乎在心中去不了的，便是“意”的作用。

又如苏东坡的词说：“十年生死两茫茫，不思量，自难忘。”自己并不想去思念它，但在心中，永远存在着、排遣不开的，这就是“意”。

所以“意”的作用，又有一个别名，也叫做“念”，就是念念难忘的“念”。又有形容“意”是具有强力的作用，便叫做“意志”，它配合生理的作用，就叫做“意气”了。

人生多意气，大丈夫立身处世，意气如虹，那是多么美丽的豪语。

/

无情何必生斯世？

所谓“喜、怒、哀、乐之未发谓之中”，是指“情绪”没有发动的境界。换言之，是并未动情，更未引发“意气”的情况。

但人到底是有情的动物，“无情何必生斯世”，“天下谁能不动情”，只要“发乎情，止乎礼义”，“知止而后有定”，便能做到“发而皆中节谓之和”了。

因此子思把“中和”的境界和作用，高推到“天地位焉，万物育焉”的圣境上去，是多么的真善美，而且又很切实于人情的平凡状况。

这就是人道的真现实，并不外于人情。

/

自欺欺人

我读古人笔记，看到明代有一个人，对于买卖古董的看法，说了特别高明的三句话，他说："任何一个人，一生只做了三件事，便自去了。自欺、欺人、被人欺，如此而已。"

我当时看了，拍案叫绝。

岂止是买卖古董的人，即使是古今中外的英雄豪杰，谁又不是如此？

/

诚中形外

说到"诚意"、"慎独"的学养，见之于"人道"修养的实际状况。

曾子说："小人闲居为不善，无所不至。"这里所说的小人，并非小孩子，但也和小孩的意义相关，比如没有受过良好教养的大人，也是同小孩子一样的小人。

小人们在没有事做的时候，是非常烦躁、不耐烦的。因此，不分好坏，什么事都会做得出来。"见君子而后厌然"，当小人在乱来的时候，忽然看到大人君子来了，也会很不好意思地觉得自己做错了。因此，拼命说谎，或想办法掩盖自己的过错，"掩其不善"。表现自己还是很对很好的"而著其善"。

其实，那是自欺、欺人，没有用的。

天下人聪明都相等，谁也骗不了谁。"人之视己，如见其肺肝然"，别人看你，你看别人，都是很明显的，尤其不能装假，明眼人一看，便会把你的心肝肺脏都看透了似的。

/

心兵不动

天下的歪理千条，正理只有一条。

当是非纷纭，莫衷一是的时候，只能用快刀斩乱麻的办法。所谓“当断不断，反受其乱”，阻止那个不合情理的一边，再也不要争辩下去。

总之，就超越时空的“形而上”来说，是没有绝对的是非善恶。但在现实的人世间，你只能依照全体人们共同认定的是非善恶为标准。所谓“大畏民志”，如此而已。最后，“此谓知本”。知个什么本呢？这是指我们的意识所产生的思想形态，在我们心中脑里，随时都有矛盾乱流，形成业力。任何一个人，随时在心中脑里，有理性和情绪上的斗争，随时自己和自己在争讼、打官司。

除了能“自净其意”以外，“自讼”是随生命并存，永无停止的。所以道家的庄子，也形容这种“心、意、识”自讼的状态，叫做“心兵”，就是说平常的人们，意识心中，随时都在内战。

如果心兵不动，自心的天下就太平了。人们假如能够学养到自净其意，不生妄念，心兵永息，更不自讼了，那才真是“知本”。

/

人身难得

之一

如果像现在政界官场、工商业家们的习惯，一日有两餐应酬，至少每餐要浪费了两三个钟点，加上夜晚的跳舞歌唱等，不知道他们有多少时间办公？多少时间读书？看来，真为大家惋惜心疼。

但是人们都说这样才叫做人生啊！我复何言！我们这样说，不是对人生的悲观，这是为了我们幸得而有此生，幸得而有此身，所谓佛说“人身难得”，应当珍惜自爱这个难得宝贵的生命。

之二

但话又说回来，我们的一生，单单为了此身的存在，为了他的需要所产生的衣、食、住、行，就忙得够呛，忙得不得了，难有太多的时间为别人。因此，了解到做父母、社会服务的人，个个都是天生圣人，都是仁者。

其实，每一个人活在人世间，几乎没有一个不是损人利己的；同时，也可以说，没有一个不是损己利人的。因为人是需要互助的，人是彼此需要互相依存的。人不像别的生物一样，所以构成人群的文化，形成了社会。

之三

然而，此身的存在，为了生活，已够麻烦，如果再加病痛和意外的灾害，那可麻烦更大了。因此，道家的老祖宗老子便说："吾所以有大患者，为吾有身。及吾无身，吾有何患。"

但是，另由道家分家出来的神仙丹道们，却要拼命修身养性，以求此身的长生不老（死），忙上加忙得不亦乐乎！真的长生不死的人没有看见，但他们有此永远摆在前面的希望，洁身自爱，看来比吃、喝、玩、乐过一生的，也就各有妙趣不同了。

至于另有从痛苦生活中经历过来的人说："百年三万六千日，不在愁中即病中。"乍看虽然消极，事实上，大多数的人们，确实都有这样的境遇。

心能转身

之一

我们现在不妨略知皮毛地说一点养生学的理论，如说，愤怒伤肝，恐惧伤肾，好乐伤心，忧患伤肺。

换言之，容易发怒、容易发脾气或脾气不好的人，便是肝气不平和的现象。容易害怕，俗话所说胆小怕事的人，便是肾气（与脑有关）不平和。嗜好过分，特别如饮食、男女方面过分，可使心脏有问题。多愁善感，或遇家庭问题，其他等等事故，心多忧患，便由肺气不平和开始，影响内脏健康。

总之，七情六欲与生理健康关系非常大，错综复杂，一言难尽。中国古代医学，所讲的“五劳七伤”，便是这些原因。

但是知道了，也不必怕，只要明白了“诚意”、“正心”，明白了“心能转物”、“心能转身”，一切可以从“唯心”的力量自能转变。

之二

人，因为有“自欺”，才会“欺人”，最后当然要“被人欺”。换言之，人要自爱，才能爱人，最后自然可被人爱。也可以说，人要自尊，才能尊人，这样才能使人尊你。

之三

因此，曾子开头便说：“诚其意者，毋自欺也。”譬如说，人人都会埋怨被别人骗了，其实，人不自骗，谁又能够骗了你呢？

相传禅宗初祖达摩大师初到中原，将要入山面壁的时候，有人问他，大师啊！你来中国的目的是做什么？达摩大师便对他说，我要找一个不受人欺的人。

达摩大师才是真大师，人能先不自欺，才能不受人欺。

/

诚意自谦

你真能做到使意识、意念返还到明诚、明净的境界，那才叫做真正的“自谦”，这完全是靠自己的反观省察，才能得到的境界。

谦，并不是消极的退缩，它是崇高的平实。谦，在《易经》是一个卦名，叫做“地山谦”。它的画像，是高山峻岭，伏藏在地的下面，也可以说，在万仞高山的绝顶之处，呈现一片平原，满目晴空，白云万里，反而觉得平淡无奇，毫无险峻的感觉。

八八六十四卦，没有一卦是大吉大利的，都是半凶半吉，或者全凶，或是小吉。只有谦卦，才是平平吉吉。古人有一副对联：

海到无边天作岸，

山登绝顶我为峰。

看来是多么的气派，多么的狂妄。但你仔细一想，实际上，它又是多么的平实，多么的轻盈。它是描述由极其绚烂、繁华、崇高、伟大，而终归于平淡的写照。

如果人们的学养，能够到达如古人经验所得的结论，“学问深时意气平”，这便是诚意、自谦的境界了。

/

静的修养

之一

对于思想，我们不要去控制它，譬如说我们想静下来，脑子里在想“我最好静下来”，这反而又多了一个念头，所以最好不要去作“我最好静下来”的想法。

许多人学佛、学道、打坐、练功夫，有意要把心静下来，这心怎么能静？有的两腿盘起来，闭眉闭眼，不言不语，要把戏一样，这也可以，但不是真正“静”的境界。对生理的帮助则有之，如说这就是静，那就不通。这样坐在那里，心里的乱想会更多，这不是真正的“静”。

所谓“真正的静”，要有高度的修养，如前面所说，一面批改公文，一面听取报告，处理急务，日理万机的情形下，而心境始终是宁静的。

我们要想做到这一步修养，就先要认识自己的心理，思想是这样不断的过去，现在我们坐在这里就可以做一个体会，我们对于前面过去的思想不理它，过去的已经过去了。

譬如我们所有的痛苦烦恼在哪里？我们往往知道是无法挽回的，但硬是想要把它拉回来。所谓后悔，就是已经过去了的，想把它抓回来。对于未来的，又何必去想它？

之二

我们知道过去的已经过去，未来的还没有来，不去管，单说现在的，“现在”也没有，我们说一声“现在”，这“现在”就马上过去了。

慢慢从这一面去体会，永远保持心境的安宁，这一个平静的心境，一直平静到甚至于今天被敌人抓住了要枪毙，下一个节目是什么？一颗子弹这里进去那边出来，一定倒下去，完了嘛！它还没有来，何必去怕？它来了，就是这么回事，怕也没有用，又何必去怕？现在还乐得享受，清静一点。

/

人心惟危

“人心惟危”，人的思想是非常危险的，这个危险并不一定是杀人的危险。

凡是人都有欲望，而欲望是一个总称，现代说的“好胜心”、“荣誉心”、“有希望”、“生活有意义”，这些都是好事情，归纳起来都是欲望。

欲望的奔驰，会使人心非常危险。能毁灭了自己，也毁灭了世界。都是欲望问题。

之一

这里我们说一个阿拉伯文化中的故事。中东地区绝大多数是信奉伊斯兰教的，有一个伊斯兰教的老阿訇退休，在山里修道。有一天一位中东的国王，带一批人去打猎，这位国王射中一只麋鹿，这只麋鹿带箭负伤，拼命地逃奔，逃到这位阿訇的身后，阿訇回头见这只麋鹿负伤，知道有猎人在后面追杀，就将宽大的袍襟把受伤的麋鹿掩盖起来，不久国王的一名部下，先追到阿訇的身前，不见了麋鹿，就问阿訇有没有看见，阿訇闭目修道，理也不理；这名部将问几次都是如此，就说要杀掉阿訇，阿訇张开眼睛请问部将是什么人？这名部将报告了国王的名号，阿訇说：你的国王是我的奴隶的奴隶，这位部将听了大光火，要把阿訇杀掉。

这时国王正好赶到，问明原因后，转问阿訇知道不知道犯了罪，这位阿訇说事实上你是我的奴隶的奴隶。国王说：你的奴隶又是谁？你讲得出来，可以无罪。阿訇说：你不要生气，坐下来慢慢听。我以前给欲望当奴隶，现在我修道了，已经懂了，再不会听欲望的指挥了，我可以指挥欲望，所以欲望变成了我的奴隶。而你虽然当国王，却充满了欲望，连一只麋鹿都不放过，可见你还是听欲望的指挥，做了欲望的奴隶，所以你是我奴隶的奴隶。

这位国王一听恍然大悟，马上拜这位老阿訇为师，追随他学道了。这是伊斯兰教流传的故事，这也就是人心惟危的一个例子。思想领导自己正就正，领导自己坏就坏。

之二

我们现在说，思想形成了一个观念，如戴有色眼镜看东西，所看的统统不同。当我们怀疑有鬼，汗毛就竖起来了。佛经上就说，不必真的站在悬崖，自己坐着闭上眼，心想处身于万丈悬崖，如跌下去会没命，脚就会酸软起来，事实是这个现象。

这就说明心中欲望的可怕。如果要把这种欲念平静下去，变成道心，那就太难，微妙得很，不可思议。

怎样才是道心？我们中国文化中讲了几千年，四书讲道心，宋明理学家也讲道心，佛家、道家、老子、庄子一概讲道心，都微妙得不得了，怎样做到这个道心的境界？要“精”、要“一”，最后“允执厥中”，就是这一句话。

/

克除妄念

之一

颜回问“仁”，孔子答复他“克己复礼”。

要注意“克己复礼”的这个“克”字，克就是剋，剋伏下去，含有心理的争斗意思。

譬如我看到他这条领带漂亮，想去把它拿过来，但理智马上就来了：“我为什么这样无聊？有这样下流的思想！”这就是克，就是心理上起了争斗的现象。在庄子的观念中叫作“心兵”，心里在用兵，所谓天理与人欲之争，以现代语汇来说，是感情与理性的争斗，我们一天到晚都在这种矛盾之中。

我们克己，要怎么克服呢？

《尚书》里两句话：“惟狂克念作圣，惟圣妄念成狂。”这个“狂”同一般人所认为的狂不同。照佛家和道家的解释，普通一般的“凡夫”就是狂。如果平凡的人，能把念头剋伏下去，就是圣人的境界。换过来，一个人放纵自己的思想、感情、观念，就变成普通人。这是《书经》的文化，比孔子还早，是我国上古老祖宗的文化，孔子继承传统文化，就是这里来的。

“克念作圣”这个“克”字，我们可以了解了，就是孔子说的“克己”。

之二

“克己复礼”就是克服自己的妄念、情欲、邪恶的思想、偏差的观念，而完全走上正思，然后那个礼的境界才叫作仁。

如宋儒朱熹的诗："昨夜江边春水生，艨艟巨舰一毛轻。向来枉费推移力，此日中流自在行。"这就看到他的修养，不能说没有下过功夫，他也曾下了几十年功夫。

这里是朱熹的经验谈，他做了几十年的学问与修养，这个功夫不是一做就做到的，要平常慢慢体会、努力来的。这首诗里他以一个景象来描写这个境界：我们心里的烦恼、忧愁，就像江上一艘搁浅的大船一样，怎么都拖不动，但慢慢等到春天，河水渐渐涨到某个程度的时候，船就自然浮起来了。后两句诗是重点，平常费了许多力气——想把这艘船推动一下，可是力气全白费了，一点也推移不动，等到修养到了相当程度的时候，便是"此日中流自在行"的境界了。

到了这一步，就相当于孔子所谓的"克己复礼为仁"了。

/

无所住心

有些人用不着读书，从一些现象，就可以把人生看得很清楚。

只要到妇产科去看，每个婴儿都是四指握住大拇指，而且握得很紧的。人一生下来，就想抓取。再到殡仪馆去看结果，看看那些人的手都是张开的，已经松开了。人生下来就想抓的，最后就是抓不住。

之一

在大陆上西南山中住过的，就看到猴子偷包谷——玉蜀黍，伸左手摘一个，挟在右腋下，又伸右手摘一个，挟在左腋下。这样左右两手不断地摘，腋下包谷也不断地掉，到了最后走出包谷田，最多手中还只拿到一个。如果被人一赶，连一个也丢了。

从这里就看到人生，一路上在摘包谷，最后却不是自己的。由这里了解什么是人生，不管富贵贫贱，都是这样抓，抓了再放，最后还是什么也没有。光屁股来，光屁股走，就是这么回事。

之二

西方的哲学家笛卡儿说："我思故我在。"他认为我有思想则有我，我如没有思想则没有我了。

西方哲学非常重视"思想"这个东西，人没有思想叫什么人呢？当然有个名称，叫做"死人"，那我就不存在了。这种观念，严格说来，应该归于唯物思想的范围。

在我们中国哲学、东方哲学，看到西方的这种哲学，能思想的"我"，都是断续的"我"。我们曾经以灯光、以流水来比喻过它。现在坐在这里，都可以体会到，只要是清醒的，一定有思想。但回转来反省、体会一下，没有一个念头，没有一个思想是永恒存在的。一个个很快地过去了。

我们脑子里的意识形态，只要一想到“我现在”，便又立即过去了，现在是不存在的。未来的还没有来，我们说一声“未来”，就已经变成现在了，这个“现在”又立即过去了。像流水的浪头一样，一个个过去了。不过连接得非常密切。这是人类本性的功能所引起的现象。

之三

佛学对于本性，比方成大海。我们现在的思想——包括了感觉、知觉，是海面上的浪头。一个浪头、一个浪头过去了，不会永恒存在的。

我们从这里看人类的思想、感情，无论如何会变去的。譬如说张三发了脾气，就让他去发，发过了他就不发了。就是这个浪头打过去了。

佛学在这一方面就告诉人们，这是“空”的。宇宙间一切现象，包括了人类心理上生命的现象，一切都会过去的，没有一个停留着。这在佛学上有个名词叫“无常”。

世界上的事情，永远无常，不会永恒地存在，因此人的感情也是无常的，不会永恒不变。我喜爱这个东西，三天以后就过去了。这种“无常”的观念是印度文化，也是东方文化的范围。

在中国的文化，见于《易经》中，不叫无常，而叫“变化”。

天地间的事情，随时随地，每分每秒都在变，没有不变的道理，一定在变。换句话说，《易经》中变化的道理是讲原则；佛学的无常是讲现象。名称不同，道理是一个。

之四

上面仅仅说了一半，还有道理，不但思想是无常，是空的，就是这个身体，这个生命，都是无我的。试问哪一样是我？佛学认为“我”是假的，没有真正的“我”。

西方笛卡儿的哲学认为思想是真我，这个理论我们前面已经说过，是不对的，还是有问题的。现在谈物质的“我”，也没有真我。

/

身非我有

之一

生命的本身像大海一样，我们现在生命活着的一切作用，不过是这个本性的功能所起的现象。

就好比一个浪头过去，又一个浪头过去一样。虽然这个浪头是无常的、断续的，但是，有一点要注意，能起这个浪头的，是整个的海水。

等到风平浪静，海水还是海水，没有变。这一切变化中间，有一个不变的。

就如刚才的比方一样，我们的思想，一个念头、一个念头过去了，是无常的，把握不住的。我想“是”，于是

"是"过去了，可是我要再想，它还是能够来的。

那么这个不变的东西究竟在哪里呢？要找它，就是穷究那个生命的根本，和宇宙那个生命同体的，那个根本的东西。找到了那个东西，会发现自己生命的本身一片大光明。

所谓"光明清净"四个字，是形而上本体的境界。

之二

孟子说："学问之道无他，求其放心而已矣。"

意思是说每个人，平常都生活在散乱或昏迷的现状中，此心犹如鸡飞狗跳，并不安静在本位上，所以只要能收得放肆在外的狂"心"，归到本位，就是真正学问修养的道理了。

/

做人为本

我们上古传统教育的主要宗旨，就是教导你做一个人，完成一个人道、人伦的本分。

不是只教你知识和技能，而不管你做人做得好不好。因为做工、做农、做小贩、做官、做学者、做军人、做皇帝，那都是职业的不同。职位虽不同，但都须要做人，才是本分。

你的职业职位果然荣耀烜赫，而人都做不好，做人不成功，那就免谈其他了。

之一

做国家第一领导人的皇帝也好，做一个普通的老百姓也好，不管做什么，必须先要学好做人，以修身为本才对。

至于由修身而外发为治国平天下之学，是做学问一贯的道理。并不是说，必须要出来做官，做事业发财，甚至要做国家的第一领导人，当上皇帝才是“明德”的学问啊！否则，著作《大学》的曾子，他自己为什么不出去做皇帝，而且也不肯随便去做官，做事业发财呢？

总之，学问修养是一件事，做皇帝或做官或发财，是另一件事。

有学问修养的去做皇帝或做官，做事业发财，当然是好事。但没有学问修养而能做个好皇帝或好官，那也就是真学问真修养。

有学问修养，不得其时而行，就不出去做官做事，自守善道，做个规规矩矩的人，或者以“师道”自居，随缘教化后生而“止于至善”，这也正是“大学之道”的一个典型，例如曾子就是这样一个人啊！

之二

此外，如韩信没有得志以前，不但要受市井无赖的胯下之辱，而且饥饿时，想吃一口饭都不容易，没有人理他，结果只有一个不知姓名的洗衣服老太太，可怜他的遭遇，把自己带出来的饭包施舍给他，让他吃了一餐饱饭。

后来，韩信功成名遂，当了齐王回到故乡时，不但没有报复那个叫他爬在裤裆下的无赖少年，反而鼓励他、感谢他。同时，他又寻访那个施舍一个饭包的洗衣妇人，但始终没有找到。于是他只好把千两黄金，投在当年洗衣妇在那个河边洗衣服的河里去，表达他无限的谢意。这是历史上有名的韩信以千金投河，感谢漂母一饭之恩的故事。

因为韩信具有含垢忍辱，受恩必报，受辱不怨的这种气度，也就是他一生事业成功的主要条件。尽管后来他也被刘邦夫妇所谋杀了，但撇开权势功业不谈，如果专讲做人的气度，做人的味道，韩信比汉高祖刘邦可爱得多了。即使如项羽，在做人方面，有时候也比刘邦可爱。当然，这只是讲做人，不谈处事，要讲处事，那又须另当别论了。

之三

要了解中国文化的重心，无论是儒家或诸子百家的学术修养，都是做人和做事合而为一的。仔细体认历史，便可知道有些人的一生，事业功名是成就了，但不能说他做人也成功了。有的人，一生做人成功，但并无事业功名上的成就。如果兼而有之，应该是不圣亦贤了。

例如明代的名臣张江陵——居正，是万历当时的权臣名相，可算是一个大政治家，但因个性急躁，修养不足，所谓操切为政，往往便不能优容气节之士。

好多理学名儒，因为意见不合而被压制不伸，但在张江陵当政的时期，的确做到了兵强国富，其功实有不可掩盖者。可是当他身死以后，结果却弄得抄家破产，大儿子被逼上吊，老太太也被逼得流离失所。固然是明代朱氏王朝的作风，惯于苛待功臣，大有失德之处。但张江陵的做事成功而做人失败，实在也不免有话分两截的必要。

当时有人经过张江陵的住宅，看到荒草丛生，一片凄凉的景色，和当年的煊赫对照，便大生感慨。就拿笔题诗在张宅的破壁上说：“恩怨尽时归论定，封疆危日见才难。”

不逆诈

明明别人来骗自己，可是不给人当面难堪，这是“不逆诈”。

平生经验，的确碰到许多这样的事，明知道对方满口都是谎言，但是姑且就让他骗。他讲完了以后，他所期望的、所要求的目的，也让他达到。

“不逆诈”就是不揭穿有些人的欺诈。当然，这也要用得好，如果用得不好，我们就犯了很大的罪过，很容易成为“姑息养奸”了，这也不可以的。

有的人是真的有困难，不得不骗一点钱，不抢不偷，已经算是好的，明知道骗，不妨给他骗一次，不过要设法感化他，这是“不逆诈”。

也可以把这个道理扩充到大的方面，但要恰到好处，该揭穿的时候，就要加以教育了。

/

想得到，做不到

之一

孔子说，把实际的行动摆在言论的前面，不要光吹牛而不做。先做，用不着你说，做完了，大家都会跟从你，顺从你。

古今中外，人类的心理都是一样的，多半爱吹牛，很少见诸于事实；理想非常得高，要在行动上做出来就很难。

所以，孔子说，真正的君子，是要少说空话，多做实在的事情。

之二

“想得到，做不来”，有许多事情我们都想得到，但做起来的时候，就硬做不来。也就是说，学问、道理虽然懂得，身体力行时，却做不到。

所以知之者不如好之者。对做学问必须养成习惯，一日不可无它。

/

看得破，忍不过

之一

世界上谁不想做好人做好事？都想做。有很多人知道应该怎么做，道理都懂，可是做起来就不是那么回事了。

前面我曾经提到，许多人“看得破，忍不过”。比如说：算了吧！生活简单一点吧！这是看破了，但到时候却忍不过。看到不义之财，第一个念头是不要；多看一眼，眼睛就亮了；再看一眼，眼睛就发红了。

之二

历史上有个故事，是说三国时的管宁与华歆。管宁是有名的高士，后来他却因华歆而一生不下楼。

最初管宁与他的同学华歆一起读书，两人一起挖地。管宁挖到一块黄金的时候，视黄金如泥土一样地丢开了，看都不去多看一眼，而华歆走去多看了一眼，才不再去管它。就这样管宁和华歆绝交了，或许有人会说管宁未免太不近人情。但古代历史记载简单，事实上他们两人同学，感情如此好，管宁已经观察华歆很久了，再加上这一件事情，他断定华歆是不安于淡泊的。

果然后来华歆扶助曹丕篡汉，成了千古罪人，虽然文章非常好，但是他变成了反派的文人，也就是前面所说的小人之儒。

所以管宁在华歆地位高时，他就永远不下楼，意思是你虽然有了政治的权力，但我就不踏在你的土地上。

这就是华歆看得破，忍不过的结局。

/

质朴可贵

人类真正的文化，譬如礼乐，是根据内心来的，根据思想来的。真正的诚恳、朴实，就是最好的文化，也是真正的礼乐精神。而后天受这些知识的熏陶，有时候过分雕凿，反而失去了人性的本质。

之一

如明朝理学家洪自诚的《菜根谭》——此书两百多年来不见了，清末民初，才有人从日本书摊上买回。其书与吕坤的《呻吟语》是相同的类型。书中第一条就说“涉世浅，点染亦浅，历事深，机械亦深”。涉世，就是处世的经验。初进入社会，人生的经验比较浅一点，像块白布一样，染的颜色不多，比较朴素可爱。慢慢年龄大了，嗜欲多了（所谓嗜欲不一定是烟酒嫖赌，包括功名富贵都是）。机心的心理——各种鬼主意也越来越多了。

这个体验就是说，有时候年龄大一点，见识体验得多，是可贵；但是从另一个观点来看，年龄越大，的确麻烦越大。有些人变得沉默寡言，看起来似乎很沉着，似乎修养非常高，但实际上却是机械更深。因为有话不敢说，说对得罪人，说不对也得罪人。

之二

假使一个心境比较朴实一点的人，就敢说话了。

譬如武则天时代的宰相杨再思，虽然是明经出身，经历多了，做宰相以后，反而变得“恭慎畏忌，未尝忤物”。别人问他：“名高位重，何为屈折如此?”他说：“世路艰难，直者受祸。苟不如此，何以全身。”

/

好人？坏人？

中国文化的所谓“君子”，是与“小人”对立的名称，等于是个符号。怎么叫君子？怎么叫小人？很难下定义，等于说好人、坏人很难下定义一样。

尤其站在哲学的观点来看，更是如此。好人对某一件事情好，有时在好里会变坏；坏人一切都坏，但有时在某一点上会变好。所以好人与坏人很难下定义。

可是在社会、政治的立场，不能以哲学观点来讨论，好与坏是对事功而言。孔子所讲的君子，是站在哲学的立场讲，是一个抽象的代名词。

/

争也君子

中国文化所讲的君子是无所争的，不但与人无争，于事也无所争，一切是讲礼让而得。

无所争就是窝囊吗？不是的，孔子以当时射箭比赛的情形，说明君子立身处世的风度。

射是六艺——礼、乐、射、御、书、数——之一，这个射代表军事训练。他说，当射箭比赛开始的时候，对立行礼，表示对不起——礼让。然后开始比赛。比赛完了，不论谁输谁赢，彼此对饮一杯酒，赢了的人说："承让！"输了的人说："领教！"都有礼貌，即使在争，始终保持人文的礼貌。

人之所以不同于生物世界中其他的动物，就是这一点人类文化的精神。其实人类有什么了不起，其所以为人，因为有思想，加上文化的精神。

孔子讲这一件小事，也就是说人应不应该争？不论于人于事，都应该争，但是要争得合理，所以"揖让而升，下而饮，其争也君子"。就是在争，也始终保持君子的风度。

/

看镖!

之一

在中国古代的军事哲学，与现在不同，对于失去了抵抗能力的国家，失去了抵抗能力的人，是不打的。

从旧的武侠小说就可以看到这种精神。习武的人，不肯用飞刀、镖等等暗器，不得已一定要用时，也要在出手的同时叫一声："看镖!"就是要偷袭的时候，也通知一声："你小心我要偷袭你了。"讲明的，所谓明人不做暗事，即使是对仇人，私下整人的事绝不干。就是这样一种讲礼义的风格。

之二

过去习武功的人，有五种不打的人，宁可受气，绝不打——包括老年人、乞丐、出家人、妇女、有病或残废的都不打。透露出我们中国文化，在战斗的行为中，还有许多合于礼义的精神。个人的格斗、国家之间的战争都是如此。

/

丧事前后

孔子说，“丧事不敢不勉”。对于生死大事，尽量地周到，朋友之中有人家里出了大事，有人死亡，就尽量地帮忙。对于朋友的红白帖子，喜事可以礼到人不到；对于丧事，礼到人也到，这是最后一次了，不去殡仪馆行个礼是讲不过去的。

对于丧家，要安慰问讯他们，有没有事需要自己帮忙，如果有，立刻就去。这是孔子说的丧事不敢不勉，就是在患难时需要朋友，否则人类交朋友有什么意义？光景好的时候才来往，那不是多余！光景好到处都是朋友。

/

中庸之道

我们现在说中庸，就是能够中和的中庸之作用。我们中国文化中《易经》的道理，是说天下的事物，天下的人物，随时随地在变，每秒钟都在变，没有不变的事。

如何能适应这个变，如何能领导这个变，这是学问的中心。

同时《易经》告诉我们，变是对立的变，任何一件事都是相对立的，有正面必有反面，有好必有坏，你说对的，同时也就产生了不对的。一切都是相对的，在这个相对的中间，有一个中和的道理。

之一

如太极拳每一个动作都有一个中心，这就是圆的道理，也就是太极的道理。并不如后世的解释中庸为滑头，而是要懂得持平的中心点。

这个学问研究起来太难了，并且涉及人格的修养。所以我们做人处世要持平，真能做到平，则一个人平了就没话讲，“水平不流”、“人平不语”。

“不平则鸣”，一不平就乱起来了。为政的道理在持平，可是求平很难，所以中国人讲究天下太平，太平实在难求。“平”就是“中”的道理，个人修养，做人处世也如此。

之二

有的人天生就是态度拘谨，对人对事很恭敬；有的人生来就昂头翘首，蛮不服气的样子。有的长官对这种人的印象很坏，其实大可不必，这种态度，是他的禀赋，他内心并不一定这样。

所以我们判断一个人的好坏，不要随便被外在的态度左右，尽量要客观。

孔子所说的恭而无礼，这个礼不是指礼貌，是指礼的精神、思想文化的内涵。所以不要认为态度上恭敬就是道德，如果有恭敬态度而没有礼的内涵则“劳”。换句话说，外形礼貌固然重要，如果内在没有礼的精神，碰到人一味地礼貌，则很辛苦、很不安详。

之三

“慎而无礼则葸”。有些人做事很谨慎，非常小心。小心固然好，过分的小心就变成无能、窝囊，什么都不敢动手了。

我们土话说，“树叶掉下来怕打破头”，确有这种人。

之四

“勇而无礼则乱”。有些人有勇气、有冲劲，容易下决心，有事情就干了，这就是勇。

如果内在没有好的修养，就容易出乱子，把事情搞坏。

之五

“直而无礼则绞”，有些人个性直率、坦白，对就是对，不对就是不对。当长官的或当长辈的，有时候遇到这种人，实在难受，常叫你下不了台。

老实说这种阳性人，心地非常好，很坦诚。但是学问上要经过磨炼、修养，否则就绞，绞得太过分了就断，误了事情。

之六

这四点：恭、慎、勇、直，都是人的美德，很好的四种个性。但必须要经过文化教育来中和它，不得中和就成为偏激了，这四点也成了大毛病，并不一定对。

太恭敬了，变成劳。我们中国人说：“礼多必诈”，像王莽就很多礼。太谨慎了变成窝囊。太勇敢了，容易决断，成为冲动，有时误了事情。

太直了，有时不但不能成事，反而偾事。项羽的个性就是太勇太直这两个反面的缺点。清代诗人王昙说他“误读兵书负项梁”，很有道理。

所以教育文化，非常重要，自己要晓得中和。懂得了这四点，就是每一个人反省自己个性的标准。

/

仁者境界

一个仁者，看到一个不仁者，应该是同情他、怜悯他，想办法把他改变过来，这是真正仁者的用心。

我们讲道德，别人不讲道德，我们就非常讨厌他，那么我们是同样以“不仁”的心理对付人家，我们这个仁还是不彻底。

之一

有些人不能安处困境，也不能长处于乐境。

没有真正修养的人，不但失意忘形，得意也会忘形。到了功名富贵快乐的时候忘形了，这就是没有仁，没有中心思想。反之到了贫穷困苦的环境就忘了形，也是没有真正达到仁的境界。

安贫乐道与富贵不淫都是很不容易的事，所以说："知者利仁。"如真有智慧、修养到达仁的境界，无论处于贫富之际，得意失意之间，就都会乐天知命，安之若素的。

之二

"仁"是孔门学问的中心。用现在的话来说，就是中心思想，所谓志士仁人无求生以害仁。譬如有许多宗教家，有时碰到与他的信仰抵触的事，他宁可舍掉性命，所谓以身殉道。

为卫道而死的，宗教徒特别多，历史上的忠臣孝子，也就是这个观念，宁可牺牲，绝不为了生命而妨碍了自己的中心思想或信仰，宁可杀身以成仁。

反面的意思，当然不会为了生命的安全，而去做违背仁义的事了。这就关系到个人的修养以及生命价值的看法了。

弋不射宿

“弋不射宿”，打猎的时候，拉弓射箭，不射宿鸟，就是对还巢的鸟，栖息在那里的鸟，他是不射的。这一点也代表中国过去文化的一种精神，是我们民族的传统道德。

现在说起这些中国文化，从另一方面看，都是落伍的思想了。但以最新的观念来说，又不落伍。现代的生物学家，尽量提倡爱动物，全世界都组织保护动物会，保护野生动物会，提倡禁猎。

我们过去认为，爱护动物是应有的道德，如相传的“劝君莫打三春鸟，子在巢中望母归”。中国人都晓得，过去小孩读书，老师都教的，成为生活教育。春天，鸟刚孵出小鸟的时期，不要去打，否则母鸟被打死了，小鸟将在巢中饿死，非常悲惨。这种教育，看起来好像是一件小事，但是扩而充之，就是仁爱心。所以将孔子的这两点，放在这里，就是说爱心的扩充，是仁。

一个人想做好事，绝对大公，很难很难，是做不到的。所以中国的字，“公”是化“私”，这是儒家的思想。由道家演变而来的杨朱思想，“拔一毛以利天下而不为也”，绝对讲个人主义，我不拔你的毛，你也不要拔我的毛，一毛都不拔。墨子则讲“摩顶放踵以利天下”，尽量地为公。儒家认为都不对。儒家是讲保留适度的自私，慢慢扩充到为公。

学问道德也是如此，我要做一个人，不要忘记了他也要做一个人，我想将来通达有前途，不要忘记了他也要有前途。尤其是将来想出去做一个领导人，要多爱部下，像待自己的子女兄弟一样替他们着想。我要利益，他们也要利益，我太累了，同样的他们也累了。从最浅近、最平凡的当中去了解他。

做到了这种地步，就可以说找到了仁的方向，为仁找到一条可走的路了。

/

德必有邻

之一

“德不孤，必有邻。”自己有道德的涵养，能体用兼备，自然会影响近身的人。《大学》里的修、齐、治、平也是这个道理。一般人往往以现前利益的眼光，批判道德为无用之修养。

为道德而活着，有时候你会感到寂寞、冷清。所以我认为如果能把寂寞当成一种享受，那就可以讲道德了。如果你视寂寞为痛苦而不是享受，就难讲真学问真道德了。

但是在此，孔子告诉我们，如果真的为道德而活，绝对不会孤苦伶仃，一定有与你同行的人，有你的朋友。

之二

做人做事，够不够道德的标准，只问合不合正道，并不苛求他对事功成就的程度。

因为没有机会给他表现，环境不对，时代不对，他也就无从表现，这有什么办法？由此触类旁通，对人对事就可减掉些苛求了。

/

不可欺也

宰我就是孔子说他“朽木不可雕也”的台柱学生，

我认为他是身体不太好，聪明有余，德性不大够的一个人。

他有一天和孔子半抬杠，也可以说是在怀疑一个问题。他问孔子说，你天天教我们要学仁，做人做事要讲道德仁义。假使有一个人，去骗一个有仁义修养的人说，水井里有仁义。难道为了修养仁，就听他的话往井里跳？

孔子听了以后，终于笑了。他说你怎么这样想呢？一个做学问成为君子的人，并不是一个笨蛋，必须要晓得应变。孔子力赞《周易》，而《周易》的道理，便有“适变”、“随时”这两个要点。

要懂得时代，适合于时代。但自己要站在中间，顺应这个变，有中心主张、中心思想。

他在这里说一个君子“可逝也”，可以放弃自己的终身，但“不可陷也”，绝不受人家的包围、困扰，落入陷阱之中。

比如说抛弃了一切，甚至抛弃了这个社会环境，抛弃了一生的功名富贵，绝不受困扰。如果说没办法，受了环境的困扰，陷进去了，在无可奈何下而拿了功名富贵，然后自说清高，那这是没有骨气，不是君子。

有骨气的做法是自我牺牲，不受困扰。

“可欺也，不可罔也。”当面来欺骗可以，愿意接受这个欺骗，这是仁慈。但如果糊涂、将就，自己根本不知道，这是不可以的。

仁者乐山

子曰：知（智）者乐，水；仁者乐，山。知者动，仁者静。知（智）者乐，仁者寿。

这几句话，一般的人说，“知（智）者乐水”的意思是说聪明的人喜欢水，因为水性流动。“仁者乐山”是说仁慈的人喜欢山。如果这样解释，问题大了。套用庄子的口吻来说，“知（智）者乐水”，那么鳗鱼、泥鳅、黄鱼、乌龟都喜欢水，它是聪明的吗？“仁者乐山”，那么猴子、老虎、狮子都是仁慈的吗？这种解释是不对的。

正确的解释是“知（智）者乐，水。”知（智）者的快乐，就像水一样，悠然安详，永远是活泼泼的。“仁者乐，山。”仁者之乐，像山一样，崇高、伟大、宁静。这是很自然的道理，不是我故意作此解释的。

为什么不是我故意的？再看下文就知道，他说知（智）者的乐是动性的，像水一样。仁者的乐是静性的，像山一样。这不是很明白吗？硬是断章取义，说“知（智）者乐水”是喜欢水，“仁者乐山”是喜欢山，这是不对的。

有些人的学问修养，活泼泼的，聪明人多半活泼，所谓“杨柳岸，晓风残月”、“滚滚长江东逝水”就是这么个气魄，这么个气度。

仁慈的人，多半是深厚的，宁静得和山一样。所以下面的结论：“知（智）者乐”，知（智）者是乐的，人生观、兴趣是多方面的；“仁者寿”，宁静有涵养的人，比较不大容易发脾气，也不容易冲动，看事情冷静，先难而后获，这种人寿命也长一点。

自我反省

之一

子曰：三人行，必有我师焉，择其善者而从之，其不善者而改之。

人们多半有一种傲慢的心理。照孔子的态度，对比自己好的人要尊敬，向他看齐。可是发现一个比自己好的人时，由于这种傲慢心的作用，自己心里很难受。再过两秒钟，觉得自己还是比他好，于是越想自己越好，有如当年在大陆时听乡下人说的：“天大，地大，我大。月亮下面看影子，越看自己越伟大。”人类就天生有这种劣根性。

所以孔子这几句话看起来很平淡，没有什么难处，仔细研究起来，若说在人群社会中，真发现了别人的长处，而自己能从内心、从根性里发出改善、学习的意念，是很不容易做到的。

之二

一个人，能随时检讨自己的过错，而且在检讨过错以后，还能在内心自我审判。

怎样受审判呢？就是自己内在打天理与人欲之争的官司，即如何善用理智平衡冲动的感情。

这是学问的基本，也是中国文化儒家情操的中心；更是我们每一个人，随时会碰到，而无法避免的事。

例如吸烟的人，戒烟非常难，看见了烟，理智告诉自己要戒，然而手下意识地会伸出去取烟。

其实人生随时随地都是如此，每个人都有理智，都很清醒，有的事不愿做，但欲望一起，就压不下去，理智始终克服不了情欲。

所以孔子儒家的学问重点，在于内讼和自省，自己在肚子里审察一番。

/

改过自新

据心理学的研究，人对于自己的过错，很容易发现。每个人自己做错了事，说错了话，自己晓得不晓得呢？绝对晓得，但是人类有个毛病，尤其不是真有修养的人，对这个毛病改不过来。

这毛病就是明明知道自己错了，第二秒钟马上找出很多理由来，支持自己的错误完全是对的，越想自己越没有错，尤其是事业稍有成就的人，这个毛病一犯，是毫无办法的。

所以过错一经发现后，就要勇于改过，才是真学问、真道德。

上善若水

老子说："上善若水。"一个人如要效法自然之道的无私善行，便要做到如水一样至柔之中的至刚、至净、能容、能大的胸襟和气度。

一个人的行为如果能做到如水一样，善于自处而甘居下地，"居善地"。

心境养到像水一样，善于容纳百川的深沉渊默，"心善渊"。

行为修到同水一样助长万物的生命，"与善仁"。

说话学到如潮水一样准则有信，"言善信"。

立身处世做到像水一样持平正衡，"正善治"。

担当做事像水一样调剂融和，"事善能"。

把握机会，及时而动，做到同水一样随着动荡的趋势而动荡，跟着静止的状况而安详澄止，"动善时"。

再配合最基本的原则，与物无争，与世不争，那便永无过患而安然处顺，犹如天地之道的似乎至私而起无私的妙用了。

/

阴功积德

中国人讲究行善要积阴德。别人看不见的才是阴，表面的就是阳化了。不要在人家看见时才做好事，便是阴德。

帮忙人家应该的，做就做了，做了以后，别人问起也不一定要承认。这是我们过去道德的标准，“积阴德于子孙”的概念。

/

恕道待人

之一

子贡问孔子，人生修养的道理能不能用一句话来概括？为人处世的道理不要说得那样多，只要有一个重点，终身都可以照此目标去做的，孔子就讲出个恕道。

恕道就是推己及人，替自己想也替人家想。拿现在的话来说，就是对任何事情要客观，想到我所要的，他也是要的。

之二

我们人类的心理，有一个自然的要求，都是要求别人能够很圆满；要求朋友、部下或长官，都希望他没有缺点，样样都好。但是不要忘了，对方也是一个人，既然是人就有缺点。

再从心理学上研究，这样希望别人好，是绝对的自私，因为要求对方圆满无缺点，是以自己的看法和需要为基础。

我认为对方的不对处，实际上只是因为违反了我的看法，根据自己的需要或行为产生的观念，才会觉得对方是不对的。社会上都是如此要求别人。

之三

这个心理好不好？好。但是要求别人太高了。从这个例子，就可知恕道之难。

后人解释恕道，把这个恕字分开来，解作“如”“心”。就是合于我的心，我的心所要的，别人也要；我所想占的利益，别人也想占。我们分一点利益出来给别人，这就是恕；觉得别人不对，原谅他一点，也就是恕。

之四

恕道对子贡来说，尤其重要。因为他才华很高，孔门弟子中，子贡在事功上的表现，不但生意做得好，是工商业的巨子，他在外交、政治方面也都是杰出之才。

才高的人，很容易犯不能饶恕别人的毛病，看到别人的错误会难以容忍。

所以孔子对子贡讲这个话，更有深切的意义。他答复子贡说，有一句话可以终身行之而有益，但很难做到的，就是“恕”。“己所不欲，勿施于人。”这就是恕道的注解。

光风霁月

明代的陈眉公说：“如何是独乐乐？曰：无事此静坐，一日是两日。如何是与人乐乐？曰：与君一席话，胜读十年书。如何是众乐乐？曰：此中空洞原无物，何止容卿数百人。”有此胸襟，有此气度，也自然可以做到“人不知而不愠”了。

一个人一生没有人了解，虽有学问而没有发展的机会，还是不怨天、不尤人，这种修养是很难。所以君子要做到“坦荡荡”，胸襟永远是光风霁月；像春风吹拂，清爽舒适；像秋月挥洒，皎洁光华。

内心要保持这样的境界，无论得意的时候或艰困的时候，都是很乐观的。但不是盲目的乐观，而是自然的胸襟开朗，对人也没有仇怨。这是“君子坦荡荡”。

/

不苟富贵

子曰：富而可求也，虽执鞭之士，吾亦为之；如不可求，从吾所好。

孔子认为富是不可以去乱求的，是求不到的，假使真求得来，就是替人拿马鞭，跟在后头跑，所谓拍马屁，乃至教我干什么都干。假使求不到，那么对不住，什么都不来。“从吾所好”。孔子好的是什么？就是下面说的道德仁义。

真的富贵不可求吗？孔子这话有问题。中国人的老话："小富由勤，大富由命。"发小财、能节省、勤劳、肯去做，没有不富的；既懒惰，又不节省，永远富不了。大富大到什么程度很难说，但大富的确由命。

我们从生活中体会，发财有时候也很容易；但当没钱时一块钱都难，所以中国人说一钱逼死英雄汉，古人的诗说："美人卖笑千金易，壮士穷途一饭难。"在穷的时候，真的一碗饭的问题都难解决。

但到了饱得吃不下去的时候，每餐饭都有好几处应酬，那又太容易。也就是说，小富由勤，大富由命。

/

富贵可求吗?

孔子所谓的求，不是"努力去做"的意思，而是"想办法"，如果是违反原则去求来，是不可以的。

所以他的话中便有"可求"和"不可求"两个正反的道理，"可"与"不可"是指人生道德价值而言。

如富可以不择手段去求得来，这个富就很难看，很没有道理，所以孔子说这样的富假使可以去求的话，我早去求了。但是天下事有可为，也有不可为，有的应该做，也有的不应该做，这中间大有问题。

如“不可求”，我认为不可以做的，则富不富没有关系。

因为富贵只是生活的形态，不是人生的目的，我还是从我所好，走我自己的路。

/

富贵如浮云

一个人要修养到家，先能够不受外界物质环境的诱惑，进一步摆脱了虚荣的惑乱，乃至于皇帝送上来给你当，先得看清楚应不应该当。有了这个修养，才可以看到孔子学问修养的境界。

人生的大乐，自己有自己的乐趣，并不需要靠物质，不需要虚伪的荣耀。不合理的，非法的，不择手段地做到了又富又贵是非常可耻的事。

孔子说，这种富贵，对他来说等于浮云一样。

/

性非罪？

子曰：关雎，乐而不淫，哀而不伤。

性的本身不是罪恶，性本身的冲动是天然的，理智虽教性不要冲动，结果生命有这个动力冲动了。

不过性的行为如果不作理智的处理，这个行为就构成了罪恶。大家试着研究一下，这个道理对不对？性的本质并不是罪恶，“饮食男女，人之大欲存焉”。只要生命存在，就一定有这个大欲。但处理它的行为如果不对，就是罪恶。

孔子就是这个观念，告诉我们说，关雎乐而不淫。大家要注意这个“淫”字，现代都看成狭义的，仅指性行为才叫淫，在古文中的“淫”字，有时候是广义的解释：淫者，过也，就是过度了。

所以关雎乐而不淫，就是不过分。

中国人素来对于性、情及爱的处理，有一个原则的，就是所谓“发乎情，止乎礼”。现在观念来说，就是心理的、生理的感情冲动，要行为上止于礼。只要合理，就不会成为罪恶，所以孔子说关雎乐而不淫。

/

悠美的情歌

“诗三百”，是指中国文学中的《诗经》，是孔子当时集中周朝以来，数百年，各个国家劳人思妇的作品。

而孔子整理诗三百篇的宗旨在什么地方？“一言以蔽之”，一句话，“思无邪”——人不能没有思想，只要是思想不走歪曲的路，引导走上正路就好。

譬如男女之爱。如果做学问的人，男女之爱都不能要，世界上没有这种人。

我所接近的，社会上普遍各界的人不少，例如出家的和尚、尼姑、神父、修女，各色各样都有，常常听他们诉说内心的痛苦。我跟他讲，你是人，不是神，不是佛，人有人的问题，硬用思想把它切断，是不可能的。

人活着就有思想，凡是思想一定有问题，没有问题就不会思想，孔子的“思无邪”就是对此而言。

/

贤贤易色？

贤贤易色就是看到贤人——有学问道德的人，马上就跟他学了。“易色”，女色都不要了，太太都不要了，在恋爱中的，把女朋友都丢掉了。如是女方，男朋友也不要了。

如果真如宋儒的说法，我认为孔夫子不是圣人了。

因为圣人，是不会违反人情的。

孔子在《礼记》里讲“饮食男女，人之大欲存焉”，的确是孔子对于人生的看法——形而下的，不讲形而上的。

凡是人的生命，不离两件大事：饮食、男女。一个性的问题，一个生活的问题。

所谓饮食，等于民生问题。男女属于康乐问题，人生就离不开这两件事。

/

欲无止境

之一

相传清朝的乾隆皇帝游江南，站在江苏的金山寺。看见长江上有许多船来来往往，他问一个老和尚：“老和尚，你在这里住了多少年?”老和尚当然不知道这个问话的人就是当今皇上，他说："住了几十年。"再问他："几十年来看见每天来往的有多少船？"老和尚说："只看到两艘船。"乾隆惊奇地问："这是什么意思？为何几十年来只看到两艘船？"老和尚说："人生只有两艘船，一艘为名，一艘为利。"乾隆听了很高兴，认为这个老和尚很了不起。

之二

名与利，本来就是权势的必要工具，名利是因，权势是果。权与势，是人性中占有欲与支配欲的扩展。虽是贤者，亦在所难免。

司马迁所谓"君子疾没世而名不称焉"，"天下熙熙，皆为利来；天下攘攘，皆为利往"，真是不朽的名言。

固然也有人厌薄名利，唾责名利，认为不合于道。

但"名利本为浮世重，古今能有几人抛"呢？除非真有如佛道两家混合思想的人，所谓"跳出三界外，不在五行中”，也许不在此例。也许，是未能确定之词，因为照一般宗教家们所说的超越人类以外的世界，也仍然脱不了权力支配的偶像，那么，无论在这个世间或是超越于这个世界，照样还是跳不出权势的圈套。这样看来，人欲真是可悲的心理行为。

不过，也许有人会说，人欲正是可爱的动力，人类如果没有占有支配的欲望，这个世界岂不沉寂得像死亡一样没有生气吗？

是与非，真难说。

之三

历来儒道两家的著述，厌薄色欲，畏惧色欲攫人的可怕说法，多到不胜枚举。

宋代五大儒中，程明道的“座中有妓，心中原无妓”的名言，一直是后世儒者所赞扬的至高修养境界。乃至朱熹的“十年浮海一身轻，乍睹藜涡倍有情。世上无如人欲险，几人到此误平生”等等，似乎都是切合老子的“不见可欲，使民心不乱”的名言。

反正人类总是一个很矛盾的生物，在道理上，都是要求别人能做到无欲无私，以符合圣人的标准。在行为上，自己总难免在私欲的缠缚中打转。不过，自己都有另一套理由可为自己辩白。

之四

就人类的欲望而言，在《礼记》中记载孔子的话说：“饮食男女，人之大欲存焉。”这是每一个人，上自帝王，下至百姓，人人共有的大欲。

但是我们要知道，人的欲望是没有止境的，一个人到了某种地位，某种环境，某一时间，某一空间，他的欲望是会变的，不断地增加累进。尤其做了君侯的人，除了饮食男女基本的欲望以外，他的大欲就是君临天下，要权势，要更大更大的权势。普通的人，满足了饮食男女，就是求功名富贵。

之五

在明、清之间，有本闲书名叫《解人颐》，有一篇很有哲学意味，描述人类欲望无止境的白话诗。

“终日奔波只为饥，方才一饱便思衣，衣食两般皆具足，又想娇容美貌妻。娶得美妻生下子，恨无田地少根基。买到田园多广阔，出入无船少马骑。槽头扣了骡和马，叹无官职被人欺。县丞主簿还嫌小，又要朝中挂紫衣。做了皇帝求仙术，更想登天跨鹤飞。若要世人心里足，除是南柯一梦西。”这其中“做了皇帝求仙术，更想登天跨鹤飞”两句是我随便凑上去的。

这篇七言韵文的白话诗，可说道尽了人类欲望无穷，欲壑难填的心理状态。而这位作者最后两句结论是，人类这永无止境的欲望，除非到死方休。

其实，人的欲望是死也不休的。

/

矢上加尖

揣而棁之，不可长保。金玉满堂，莫之能守。富贵而骄，自遗其咎。——老子

一个人如果已经把握有锋锐的利器，但却仍然不满于现状，反要在锋刃上更加一重锐利，俗谚所谓“矢上加尖”，那么原来的锋刃就很难保了。

这是形容一个人对聪明、权势、财富等等，都要知时知量，自保自持。

如果已有聪慧而不知谦虚涵容，已有权势而不知肥遁退让，已有财富而不知适可而止，最后终归不能长保而自取毁灭。

亢龙有悔

上九曰，亢龙有悔，何谓也？子曰：贵而无位，高而无民，贤人在下位而无辅，是以动而有悔也。

人不要坐到最高位，换句话说，做人亦不要做得太高明了，做得太高明了不好玩的，贵到没有位置好占。

有的人，学问、人格、仪表都好，可是太贵了，贵而到了无位，连一个科员的位置都得不到。高到极点，下面没有干部了，或者说天下人都是干部，可是天下人都不敢说话，有意见都不敢发表，这是讨厌了，到这时就到了亢龙的境界，这时即使是好的，也会被打下来，自己左右没有人来帮助，所以这一爻最不好。“动而有悔”，动辄得咎，没有好的事情临到身上了。

“亢龙有悔”，所谓亢龙是高亢。这个很重要，每个人都要注意。

学了《易经》做人做事，不要过头，过头就是亢；大家都是平等的，只知道进不知道退，只知道存不知道亡，只知道得不知道失去，就是亢；人很容易犯这个毛病，知道进退存亡得失的关键，就是圣人。

学易就是使我们知道“进退存亡得失”六个字。

/

宠辱若惊

之一

人生宠辱境界的根本症结所在，都因为我有身而来。

宠，是得意的总表相。辱是失意的总代号。

当一个人在成名、成功的时候，如非平素具有淡泊名利的真修养，一旦得意，便会欣喜若狂，喜极而泣，自然会有惊震心态，甚至，有所谓得意忘形者。

之二

我们幼年的课外读物《昔时贤文》中，便有：“有酒有肉皆兄弟，患难何曾见一人?”“贫居闹市无人问，富在深山有远亲。”这不正是成年以后，勘破世俗常态的预告吗？在一般人来说，那是势利。

其实，人与人的交往，人际事物的交流，势利是其常态。纯粹只讲道义，不顾势利，是非常的变态。物以稀为贵，此所以道义的绝对可贵了。

之三

势利之交，古人有一特称，叫做“市道”之交，市道，等于商场上的生意买卖，只看是否有利可图而已。

在战国的时候，赵国的名将廉颇，便有过“一贵一贱，交情乃见”的历史经验。如《史记》所载：

廉颇之免长平归也，失势之时，故客尽去。及复用为将，客又复至。廉颇曰：客退矣！客曰：吁！君何见之晚也。夫天下以市道交。君有势，我则从君。君无势，则去。此固其理也，有何怨乎！

廉颇平常所豢养的宾客们的对话，一点都没有错。天下人与你廉大将军的交往，本来就都为利害关系而来的。

你有权势，而且也养得起我们，我们就都来追随你。你一失势，当然就望望然而他去了。这是世态的当然道理，“君何见之晚也”，你怎么到现在才知道，那未免太迟了一点吧！

之四

有关人生的得意与失意，荣宠与羞辱之间的感受，古今中外，在官场、在商场、在情场，都如剧场一样，是看得最明显的地方。

以男女的情场而言，如所周知唐明皇最先宠爱的梅妃，后来冷落在长门永巷之中，要想再见一面都不可能。

世间多少的痴男怨女，因此一结而不能解脱，于是构成了无数哀艳恋情的文学作品！因此宋代诗人便有“羡他村落无盐女，不宠无惊过一生”的故作解脱语！无盐是指齐宣王的丑妃无盐君，历来都把她用作丑陋妇女的代名词。其实，无盐也好，西施也好，不经绚烂，哪里知道平淡的可贵。不经过荣耀，又哪里知道平凡的可爱。这两句名诗，当然是出在久历风波，遍尝荣华而归于平淡以后的感言。从文字的艺术看来，的确很美。但从人生的实际经验来讲，谁又肯“知足常乐”而甘于淡泊呢！除非生而知之的圣哲如老子等辈。

其次，在人际关系上，不因荣辱而保持道义的，诸葛亮曾有一则名言，可为人们学习修养的最好座右铭，如云：

势利之交，难以经远。士之相知，温不增华，寒不改弃，贯四时而不衰，历坦险而益固。

虚舟难覆

之一

吉凶祸福有来由，但要深知不要忧；
只见火光烧润屋，不闻风浪覆虚舟。
名为公器无多取，利是身灾合少求；
虽异匏瓜难不食？大都食足早宜休。

这是白居易的诗，他说，人生的遭遇，成功与失败、吉、凶、祸、福，都有它的原因，真有智慧的人，要知道它的原因，不须要烦恼，不须要忧愁。

颔联两句，引用了庄子“覆虚舟”的典故，他说，我们只看到世上富贵人家多财润饰华丽的房屋，仍会被大火烧毁，却从未见到空船在水上被风浪吞没的，装了东西的船，遇到风浪才会沉没，而且装得愈重，沉没的危险愈大。

虚舟本来就是空的，纵会翻覆，亦仍浮在水面，这是说人的修养，应该无所求、无所得，愈空虚愈好。

颈联两句更指出，人世间“名”与“利”两件事不宜贪求以免招灾祸。

可是现代青年，都在那里拓展自己的“知名度”。要知道，“名”是社会的公器，孟子亦说：“有天爵者，有人爵者。”天爵就是名气。仔细研究起来，不管任何一种“名”，如果太高了，不符实际，对于此人的人生与福祉，就会发生非常大的障碍，如“誉满天下，谤亦随之”，就是这个道理。

之二

所以，白居易这首诗的尾联说：“虽异匏瓜难不食，大都食足早宜休。”世界上谁不好名贪利？佛教劝人们绝对放弃名利，这是做不到的。老子就不然，他只是教人“少私寡欲”，少一点就好了。

所以白居易说，名利像匏一样，实在好吃，叫人绝对不要吃是做不到的，但是吃了以后，很有可能会拉肚子的。深懂了黄老之道，那就是“大都食足早宜休”，不要吃得过分了，这就是老子之道在个人修养上的基本原则。

之三

“虽富贵，不以养伤身；虽贫贱，不以利累形。”这就是老庄之道的人生大原则。懂了老庄之道的人，就知道富贵是舒服的事，但因而得意，就会是短命的事，太得意了，则缩短寿命。

所以处富贵中时，不以养而伤害自己。相反的，在贫贱之间，“不以利累形”。人在贫贱中，就要为生活而赚钱，可也不能过分地贪求，所谓“人为财死”，过分地贪求，过分地劳累，同样会损害身体的健康，而危及生命。

进退存亡

“崇高必致堕落，积聚必有消散。缘会终须别离，有命咸归于死。”这是佛学洞穿世事聚散无常的名言，同时也是出世思想的基本观点。

可是以老子所代表道家哲学的可以出世，可以入世，他却有“挫其锐，解其纷”的不死之药，长保“散而未尽”的七字真言：“功遂，身退，天之道。”其中去了一个助语词的之字，真正只有六字真言。后世的许多文学家们，感受意犹未尽，又再插入两字一句，变成九字真言，成为“功成，名遂，身退，天之道”了。

七字真言也好，九字真言也好，说尽管说，说来还很潇洒，可是在一般的观念里，总觉得它消沉低调意味太浓。其实，大家只是忘记观察自然界的“天之道”，因此便觉低沉。

如果仔细观察天道，日月经天，昼出夜没，夜出昼没，寒来暑往，秋去冬来，都是很自然的“功遂、身退”的正常现象。植物世界如草木花果，都是默默无言完成了它的生命任务，静悄悄地消逝，了无痕迹。动物世界生生不已，一代交替一代，谁又能不自然地退出生命的行列呢！

如果说有，只有人类的心不肯死，不肯甘休，永远想在不可把捉中冀求把捉，在不可能永久占有中妄图占有。妄想违反自然，何其可悲！

/

钱财聚散

赚钱难，聚财难。但是用钱更难，散财更不易。

能够赚钱聚财，又能够善于用钱和散财的，必然是人中豪杰，不是一般常人所能及的。

至于死守财富和乱散钱财，当然是一般社会人群中常有的两种典型。

之一

历史上记载了陶朱公的经营产业及财富，有三徙（三次迁居别地）三散的经历。这也就是根据范蠡自己的名言所说，“大名之下，难以久居”的原则。

有名与有钱，都不是人生的大好事。但是世界上的人，都在拼命追求名利和权位，怎么说也是白费的。只有在名利、权势上亲身打过滚的人，才比较清醒了一点。

但是，都是已经到了“尸居余气”的时候，虽然清醒了，太阳就立刻要下山了！

之二

古人说：“人间莫若修行好，世上无如吃饭难。”又说：“美人卖笑千金易，壮士穷途一饭难。”俗话说的

“一钱迫死英雄汉”；“人是衣服马是鞍，金钱就是英雄胆”等等，都是很平实坦白地说明，“食”和“货”，确实是人类基本需求，不可或少的东西。

但从人类文化的人生哲学角度来讲，“名、利、财、货”，“富贵功名”，“权位金钱”，都只是在生存、生活上，一时一地的应用条件而已。它的本身，只能作为临时临事时所需要支配的机制，根本上都非你之所有，只是一时一处归于你之所属，偶尔拥有支配它的权利而已，并非终久归于你所有。

因为你的生命也和“功名富贵”那些现象一样，只是暂时偶然的存在，并非永恒不变的永生。

贫而无怨

“贫而无怨”的贫并不一定是经济环境的穷；不得志也是贫；没有知识的人看到有知识的人，就觉得有知识的人富有；“才”也是财产，有很多人是知识的贫穷。

庄子就曾经提到，眼睛看不见的瞎子，耳朵听不见的聋子，只是外在生理的；知识上的瞎子，知识上的聋子，就不可救药。所以贫并不一定指没有钱，各种贫乏都包括在内。

人贫了就会有怨，所谓怨天尤人，牢骚多，人穷气大，所以教人做到“安贫乐道”。这是中国文化中，一个知识分子的基本大原则，但是真正的贫而能安，太不容易。

现在有人，拿“安贫乐道，知足常乐”这两句话，批评中国文化，说中国的不进步，就受了这种思想的影响。

这种批评不一定对，“安贫乐道”与“知足常乐”，是个人的修养，而且也少有人真正修养到。

我们当然更不能说中国这个民族，因为这两项修养，就不图进取。事实上没这个意思，中国文化还有“天行健，君子以自强不息”等鼓舞的名言，我们不可只抓到一点，就犯以偏概全的错误。这两句话，是对自己做人做事的一个尺码，一个考验。

/

少私寡欲

人活在世界上是互助的，我们的幸福享受，一定有赖于人，甚至妨碍了别人。不过，如能常生警觉，想到妨碍了别人时，尽量少妨碍一点，已经是最好的道德了。

所以说，绝对无私，绝对无欲，是做不到的。

老子也认为绝对无私是不可能的，做到“清心寡欲”、“少私寡欲”，已经很了不起。少私就公了；绝对无私行不通；绝对无欲做不到；少欲就是了不起。所以替自己想时也能替别人想，就是很了不起的公德。当我想到需要拿扇子的时候，也问问他：“你要不要？”就了不起。假如说当我拿扇子的时候，我买扇子送给天下所有需要扇子的人，是做不到的，不但没有这个财力，而且也缺乏这种能力。况且世界上有些人，你给他扇子，他拿了丢掉，为什么？他有病还吹不得风呢！

由此可知做人之难，道德修养之难。

有求吃苦，无欲则刚

一个人有欲望是刚强不起来的，碰到你爱好的，就非投降不可。人要到“无欲”则刚，譬如说，这个人真好！真了不起！就是一点毛病，爱钱，既然他爱钱，你拿钱给他，他的了不起就变成起不了。

你说这个人品德样样都好，就是有一个毛病爱读书，遇到懂得手段的人就利用他，什么都不和他谈，专谈书，他就中计了。

所以真正刚强的人是没有欲望的——无欲则刚。

有一个学生要我写一副对子，我送他八个字。上联是佛家的思想，下联是儒家的思想：“有求皆苦，无欲则刚。”如果你说什么都不求，只想成圣人、成佛、成仙，也蛮苦的呀！

所以有求就苦，人到无求品自高，要到一切无欲才真能刚正，才可以做顶天立地的人。

自强自立

孟子认为小国处在大国之间是很为难的，所以他说“两大之间难为小”，因此，小国只有自强自立一条路。

其实个人做人也是一样，不自强，不自立，不从自己本身想办法，在两大之间，怨天怨地，希望得到别人的同情来为自己解决困难，天下不会有这样的事情。

个人事、国家事、天下事的原则是一样的，只有自强自立，才是唯一的生存之道。

之一

国家大势如此，个人事业也是如此。

站得起来就站起来，站不起来就得见机振作。但是社会上，有许多人，他在站不起来时不肯爬，爬不动时又不肯躺下，还老是觉得自己是站在那里，其实并没有站着，这样就很可怜了。总之，人生哲学和政治哲学的道理一样的。

之二

自己内心不能矛盾，当受到艰难或迫害的时候，就要改变自己的环境。

当环境不能改变时，就要自己站起来，坚强起来，宁死而不向困难环境屈服。

/

百尺竿头

之一

一般人听了“百尺竿头，更进一步”的话，都很高兴，认为是被夸、被奖励，而没有仔细去想一想，为什么说百尺竿头更进一步呢？

试想想看，在地上竖立了一根一百尺高的竿子，当一个人由地面向上爬，爬到了一百尺的竿上，已经到了顶点了，还鼓励他更进一步？这一步进到哪里去？再一步就落空了，落空可不就又掉到地下来了吗？

所以这句话的意义，是勉励人，要由崇高归于平实。也就是《中庸》所说的“极高明而道中庸”。一个人的人生，在绚烂以后，要归于平淡。

之二

在明人的笔记中，有一则类似“百尺竿头，更进一步”的故事。叙述一位道学家求道的故事。

这位道学家修道，研究了许多年，始终搞不出一个名堂来，得不了道，非常苦恼。于是有一天，带了一些银子，出门去访名师。不料在路上遇到一名骗子，知道他是出外访师求道的，身边带有许多银子。就打他的主意，设法和他接近。

骗子当然是很聪明的，和他一聊上天，两人就很谈得来。可是尽管这个骗子，假装是得了道的学家，使这位求访名师的书呆子道学家，对他十分钦佩，但就是骗不到他的钱。

后来，到了一个渡口，要过河了。这名骗子脑筋一转，对道学家说，要传道给他了，而且选择在船上把道传给他。这位道学家听到有道可得，非常高兴。两人上了船，那个骗子告诉道学家，爬到船桅顶上就可以得道。

这位求道心切的道学家，为了求道，为了便于爬桅杆，他那放有银子而永不离身的包袱，这时就不能不放下来了。当他爬到桅杆的顶端，再无寸木可爬的时候，也没有看见什么道，便回头来，向这位传道的高人请教：道在哪里？不料那名骗子早已把他留在甲板上的包袱银子拿去，走得无影无踪了。

船上的其他乘客都拍手笑他，上了骗子的当。可是这位道学家，在大家拍手笑他的时候，他在桅顶上，突然之间真的悟了，所谓道就在平实之处，并不是高高在上的什么东西啦。

于是立刻爬下桅杆来，对大家说，他不是骗子，的确是高明！的确是吾师也！他高高兴兴地回去了。

这虽然是一则讽刺道学家迂腐的笑话，透过这个笑话来看，实在有其至理。和“百尺竿头，更进一步”那句话一样，道就在平庸、平淡之中，也就是极高明而道中庸的道理。

平凡境界

之一

古今中外，任何一方面真有成就的人，站在顶峰的人，总觉得自己很平凡。这是必然的现象，并不是有意装成的。硬是真的到了顶峰的时候，自然就觉得很平凡。而且还特别小心，觉得自己懂得太有限，不敢以此为足。

我们知道孔子是圣人，非常伟大，但是一个真正的大圣人，绝不会自己当教主，绝不会把自己的言行、态度，做成教主一样，那就不足以成为一个圣人。不必说孔子，就像普通的人，所谓“学问深时意气平”，自己真到了那一步学问修养的时候，就觉得自己非常平淡，没有什么了不起。如果心中还有一个观念，认为自己很了不起，比别人都高明，那就完了。

之二

知识最高处就是“无知”，就是始终宁静，没有主观，先没有一个东西存在，这是最高的学问境界。不但孔子如此，世界上很多大宗教家、教主、哲学家，都是如此。希腊第一位哲学家——西方文化中的孔子——苏格拉底，也和孔子一样，出身贫苦，什么都懂，行为做人也很相似于孔子，他说："你们把我看成有学问，真笑话！我什么都不懂。"这是真话。

释迦牟尼也讲过这样的话。他十九岁放弃了王位而出家修道，到了三十二岁开始传教，八十一岁才涅槃。四十九年之间，他最后自己的结论说："我这四十九年中，没有讲过一个字，没有说过一句话。"

真理是言语文字表达不出来的。

我们可以退一步说，孔子所讲的"无知"，是俗语说的"半罐水响叮当，满罐水不响"。学问充实了以后，自己硬是觉得不懂，真的自己感觉到没有东西嘛！空空洞洞的没有什么，这是学问的真正境界。

如果有个人表现出自己很有学问，不必考虑，这一定是"半罐水"。从学武的人就很容易看到，那些没练到家的人，就喜欢比划，他是筋骨发胀，并不是故意的。而练到了家的人，站在那里好像风都会把他吹倒，打他两耳光，他会躲开，绝不动手。学问也是一样，一个人显得满腹经纶的样子，就是"有限公司"了。

/

英雄本色

之一

“素富贵行乎富贵，素贫贱行乎贫贱。”这也是后来中国文化里讲人生的道理：“唯大英雄能本色，是真名士自风流。”所谓大英雄，就是本色、平淡，世界上了不起的人就是最平凡的，最平凡的也是最了不起的。

换句话说：一个绝顶聪明的人，看起来是笨笨的，事实上也是最笨的，笨到了极点，真是绝顶聪明。这是哲学上一个基本的问题。人没有谁算聪明，谁又算笨，笨与聪明只是时间上的差别。所谓聪明的人，一秒钟反应就懂了，笨的人想了五十年也懂了，这五十年与一秒钟，只是那么一点差别而已，所以了不起就是平凡。

唯大英雄能本色——平淡。上台是这样，下台也是这样。

所以曾国藩用人，主张始终要带一点乡气——就是土气。什么是土气？我是来自民间乡下，乡下人是那个样子，就始终是乡下人那个样子，没有什么了不起。所以彭玉麟、左宗棠这一班人，始终保持他们乡下人的本色，不管自己如何有权势，在政治功业上如何了不起，但我依然是我，保持平凡本色是大英雄。

之二

人有的安于逸乐，有的安于贫困，有的安于平淡。学问最难是平淡，安于平淡的人，什么事业都可以做。

因为他不会被事业所困扰，这个话怎么说呢？安于平淡的人，今天发了财，他不会觉得自己钱多了而弄得睡不着觉；如果穷了，也不会觉得穷，不会感到钱对他的威胁。

所以安心是最难。

/

诗可以怨

一个人困难的时候怨天，这是普通的事。说到“怨天”，如韩愈所说的，一个人“穷极则呼天，痛极则呼父母”。这是自然的现象。

又如司马迁《史记》中对《离骚》的评论：“夫天者，人之始也；父母者，人之本也。人穷则反本，故劳苦倦极，未尝不呼天也；疾痛惨淡，未尝不呼父母也。”这里所指的“穷”，并不是没有钱了才叫作“穷”。一件事到了走投无路的地步，就叫作穷。此时往往情不自禁地会感叹：“唉！天呀！”身上受了什么难以忍受的痛苦，往往就脱口而出：“我的妈呀！”这是一种自然的反应。人到无可奈何的时候，心理上就逃避现实，认为这是上天给我的不幸。“尤人”，就是埋怨别人、诿过于人，反正是“我没有错”。

古时平民文学中有一首诗说：“做天难作四月天，蚕要温和麦要寒。行人望晴农望雨，采桑娘子望阴天。”像这样，天做哪一种天才是好天呢？做天都难作，何况做人？

所以一个人为朋友效力，受人埋怨，是难免的。尤其领导的人，受人物议，更是必然。

所以老子说：“人法地，地法天，天法道，道法自然。”这句话，也就是包含了要我们效法天地广大包容的气度。

/

人生如水

子在川上曰：逝者如斯夫！不舍昼夜。

在这里解，为了体会得更亲切一点，就借用碧潭这个地方吧！孔子去郊游，他站在碧潭吊桥上，看到下面的流水说：“过去的就像这下面的流水一样，白天晚上都在流。”

这两句话的文学气息非常重，全部《论语》中，最富于哲学意味的，也就是这两句话。从这里，有几个要点可以了解。

之一

第一，道家思想方面，老子也和孔子这个观念一样，经常用水代表人生哲学。老子教我们效法水，中国有一句老话“人往高处爬，水往低处流”。老子教我们学下流——不是普通指不高尚的下流，是指水的下流——大海。

天下的水都向下流汇归成大海。所谓下流，就是谦下，站在最下面，“人之所弃，我则取之”。人要有容量，像大海一样包罗万象。

老子又教我们“上善若水”，最高的品德像水一样。

道家形容水很妙，水是绝对干净的，脏的东西到水里，都被水冲洗干净了。让我们的心境，以及人品的修养，效法水一样，冰清玉洁，不受一点尘埃。虽然容纳了许多废物、污垢，但仍然是水，水的性质没有变，而且永远自强不息。

之二

大家都看过的，《红楼梦》中林黛玉葬花。这位小姐病兮兮的，花落了还要去收回来，还要葬下去，情调非常美，文章也作得很好，葬花词名句："侬今葬花人笑痴，他年葬侬知是谁？"此之为林黛玉！怎么不生肺病？怎么不那么痴迷的死？你管他谁葬你，死了就死了。

说到这里，龚定庵的诗就比林黛玉高明多了，他的诗说："落红不是无情物，化作春泥更护花。"虽然人死了，而其耿耿的忠心仍令人感动，在文学境界上，就是龚定庵的这两句诗。

以上这些都是从悲观的角度来看"逝者如斯夫！不

舍昼夜”。

之三

但孔子并没有以悲观的态度来说这句话，有很多的意义包括在内，极高明。从另一面，用积极的观点来看人生。

人生如流水一样，不断地向前涌进。所以我们要了解，人生就像这股流水一样。

所以孔子站在上流告诉学生们：“注意呀！你们看这水，过去的都像这样，向前面去！向前面去！而且是昼夜不断地向前去。”他这话的意义，就是我们经常看到的一句话：“天行健，君子以自强不息。”

之四

所以孔子的“逝者如斯夫，不舍昼夜”这句话，包括各方面很多意义，可以说孔子的哲学，尤其是人生哲学的精华，都集中在这两句话中。它可以从消极的、积极的各方面看，看宇宙、看人生、看一切。

我们自己多多去体验它，应该了解很多的东西。在这里所提供大家去研究的意见，还只是其中的一点点。

实际上，根据这两句话，可以写很多很多的文章。历史是不能停留的，时代是向前迈进的，宇宙如此，人生也是如此。

/

从容就难

之一

子路尽管那么粗暴，那么冲动，但子路的品德特别好，武功也好，孔子的确喜欢他。他是后来在卫国出大乱的时候战死的。

卫国发生变乱时，他刚从外面回来，原来他可以躲开这场祸乱的，但他没有逃避，他听到消息认为“见危授命”，更应该前去，不能逃避。他进去以后，正在战乱，他参加作战而死亡，临死时一身都是创伤，但他认为儒者之死，应该整其衣冠，所以临命终时，抱着重伤，戴上帽子，整理好衣服，端端正正，然后才断气。

一个人一身创伤，还如此从容，知道大限已至，整理衣冠，扣好扣子，死得端正，这种精神修养，太不容易，他能如此，绝非偶然。

之二

我们常在哲学上看到做人做事要做到无我的境界。可能吗？先就事实来说，不可能。譬如有人说：“我告诉你，我绝对客观。”这句话对不对？不对。这已经非常主观，因为“我很客观了”，这就是“我”的主观。所以说绝对“无我”，在观念上有这个名称，真要做到无我，几乎没有这样的人。

但不是绝对没有，一旦真的做到无我的话，就会非常快乐。

我们所有的痛苦，都因为自己“有我”而来的。如果我们手里拿了一件东西，别人需要时，一定舍不得给人，因为别人需要它时，也正是自己需要它的时候。假如能在这个时候，放弃了而给别人，就是最快乐的境界。

之三

不过我朋友曾经看到一个人，可以说得上是菩萨。那是二十年前，有一艘驶往澎湖的船，途中遇难了。船上有一个认识的人，他本有肺病，因事乘了这船到澎湖去。

在海难来时，有船员看见他有病，丢了一个救生圈给他，要他先离船逃生。他接到救生圈后，仍然很从容，并没有立即套上。后来看见一个妇人抱了一个孩子逃上甲板，他就把那个救生圈转送给了这对母子。他说他是有肺病的人，早死晚死一样的。原来丢救生圈的船员，忙了一阵子回来，见他还逗留在船上，救生圈也没有了，问他怎么还不逃命？救生圈哪里去了？他只笑笑，（这种状况下，他还能安详地微笑，可见是什么样的胸襟了。）也不讲话。

这位船员东找西找，又找了一个救生圈给他，他又送给了另外一个人逃生。结果船沉了，他也沉了，非常从容。这是“无我”。他这样做不是被强迫的，完全是自动的，这就叫做“无我”、爱人。

我们心里觉得这件事情很悲惨，但在他的心境却很安然。他不是自杀，他觉得别人更值得同情、怜悯。

但在事实上，平常一般做人做事，没有办法真无我。每个人同样画画，画出来各有不同。你写文章如在文章里“无我”，就没有你的意境了，就不要写了。同样一件事情做起来就有“我”的精神。要将全副的我，摆到无我的境界里，才可以达到真的“无我相”。

动之徐生

“徐生”的涵义，也可说是生生不息的长生妙用，它是慢慢地用，这个观念很重要。

等于能源一样，慢慢地用，俭省地用，虽说能源充满宇宙，永远存在，若是不加节制，乱用一通，那只是自我糟蹋而已。

之一

“动之徐生”，也是我们做人做事的法则。道家要人做一切事，不暴不躁，不“乱”不“浊”，一切要悠然“徐生”，慢慢地来。态度从容，怡然自得，千万不要气急败坏，自乱阵脚。这也是修道的秘诀，不一定只说盘腿打坐才是。做人做事，且慢一拍，就是这道理。

不过，太懒散的人不可以慢，应快两拍，否则本来已是拖拖拉拉要死不活，为了修道，再慢一拍，那就完了，永远赶不上时代，和社会脱了节。

之二

“徐生”是针对普通一般人而言，尤其这个时代，更为需要。

社会上，几乎每一个人都是天天分秒必争，忙忙碌碌，事事穷紧张，不知是为了什么，好像疯狂大赛车一样，在拼命玩命。所以更要“动之徐生”。如果做生意的话，便是“动之徐赚”。慢慢地赚，细水长流，钱永远有你的分；一下赚饱了，成了暴发户，下次没得赚，这个生意就不好玩了。

“动之徐生”，所可阐述的意义很多，可以多方面去运用。浅显而言，什么是“动之徐生”的修道功夫？“从容”便是。

之三

比方年轻人谈恋爱，应该懂得恋爱的哲学。凡是最可爱的，就是爱得死去活来爱不到的。

且看古今中外那些缠绵悱恻的恋爱小说，描写到感情深切处，可以为他殉情自杀，可以为他痛哭流涕。但是，真在一起了，算算他们你侬我侬的美满时间，又能有多久？即便是“红楼梦”，也不到几年之间就完了，比较长一点的“浮生六记”，也难逃先甜后惨的结局。

所以人生最好的境界是“不欲盈”。

虽然有永远追求不到的事，却同李商隐的名诗所说：“此情可待成追忆，只是当时已惘然。”岂非值得永远闭上眼睛，在虚无缥缈的境界中，回味那似有若无之间，该多有余味呢！不然，睁着一双大眼睛，气得死去活来，这两句诗所说的人生情味，就没啥味道了。

之四

“此情可待成追忆，只是当时已惘然”，名利如此，权势也如此。

即使家庭父子、兄弟、夫妻之间，也要留一点缺陷，才会有美感。例如文艺作品的爱情小说，情节中留一点缺陷，如前面所说的“红楼梦”、“浮生六记”等，总是美的。又如一件古董，有了一丝裂痕，摆在那里，绝对心痛得很。若是完好无缺的东西摆在那里，那也只是看看而已，绝不心痛。可是人们总觉得心痛才有价值，意味才更深长，你说是吗?

因为不盈不满，所以才能：“夫！唯不盈，故能蔽不新成。”“蔽”，就是保护很好的旧东西，由于东西永远是旧的，是原来的样子，一直小心使用，并没有坏。因此，旧的不去，新的不来。这便是“不生不灭，不垢不净，不增不减”的长生之道。

所以最难还是在能否做到“不欲盈”。

图书在版编目(CIP)数据

南怀瑾谈心兵难防/南怀瑾讲述.—3版.—上海：
上海人民出版社，2019
(南怀瑾讲述系列)
ISBN 978-7-208-15871-9

Ⅰ.①南…　Ⅱ.①南…　Ⅲ.①道德修养-通俗读物
Ⅳ.①B825-49

中国版本图书馆CIP数据核字(2019)第095716号

责任编辑　周　珍
封面设计　人马艺术设计·储平

南怀瑾讲述系列
南怀瑾谈心兵难防
南怀瑾 讲述

出　版	上海人民出版社 (200001　上海福建中路193号)
发　行	上海人民出版社发行中心
印　刷	上海盛通时代印刷有限公司
开　本	850×1168　1/32
印　张	3.75
插　页	4
字　数	48,000
版　次	2019年7月第3版
印　次	2019年7月第1次印刷

ISBN 978-7-208-15871-9/B·1400
定　价　28.00元